U0376699

作者简介

绘画：王芳芳，画家，6年的支教生涯，自然美术教育研究者

绘本故事作者：朱珠、李亮

朱珠，女，1984年生，广东潮州人。深圳市十佳青年公益人物之一，南粤治水环保公益形象代言人。曾参与过《深圳红树林多样性手册》前期调研与编写。

李亮，女，1981年生，陕西延安人。毕业于延安师范97级美术班和西安美术学院，工作于志丹县文联。散文见《十月》《散文》《散文海外版》《散文选刊》《延河》《延安文学》《西部散文家》等，部分作品入选散文年度选本。

科学指导：王文卿，厦门大学博士，主要从事红树林湿地生态学的研究工作。现任中国生态学会红树林学组执委会秘书长，中国自然资源学会湿地资源保护专业委员会副主任，福建省生态学会秘书长。

责任编辑：谭祎波
责任技编：林洁楠　杨　杰
装帧设计：周　诚

图书在版编目（CIP）数据

最美的舞会 ： 深圳市红树林多样性绘本 / 朱珠，李亮著；
王芳芳绘. -- 深圳 ： 深圳报业集团出版社,2017.9
ISBN 978-7-80709-804-1

Ⅰ．①最… Ⅱ．①朱… ②李… ③王… Ⅲ．①红树林－
生物多样性－深圳－普及读物 Ⅳ．① S796-49

中国版本图书馆 CIP 数据核字（2017）第 203724 号

最美的舞会
Zuimei De Wuhui

朱珠　李亮 / 著　王芳芳 / 绘

深圳报业集团出版社出版发行
（518034　深圳市福田区商报路 2 号）
深圳市金丽彩印刷有限公司印制　新华书店经销
2017 年 9 月第 1 版　2017 年 9 月第 1 次印刷
开本：889mm×1194mm　1/16
印张：3.5　字数：50 千字
ISBN 978-7-80709-804-1　定价：39.00 元

深圳市红树林多样性绘本

最美的舞会

朱珠 李亮 / 著　　王芳芳 / 绘

深圳报业集团出版社

地球上很老很老的老人们都知道有个精灵叫源源。他会隐形，会魔法。他一直是个快乐的孩子，他身上有很多奇妙的绿能量。

源源平时住在森林里，
因为喜欢旅行，世界各地都
有他的足迹——那是只有善
良的人才能看到的闪光脚印。

有一天，源源施展光之魔
法来到了一个大海边。

他看到有一片长在海水里
的树林："真奇怪！像一只只大
章鱼抱着树不肯走。"

蟹守螺

支柱根

"也像很多土底下射出来的箭头，还有那些那些，难道它们要用那么多脚来走路吗？"

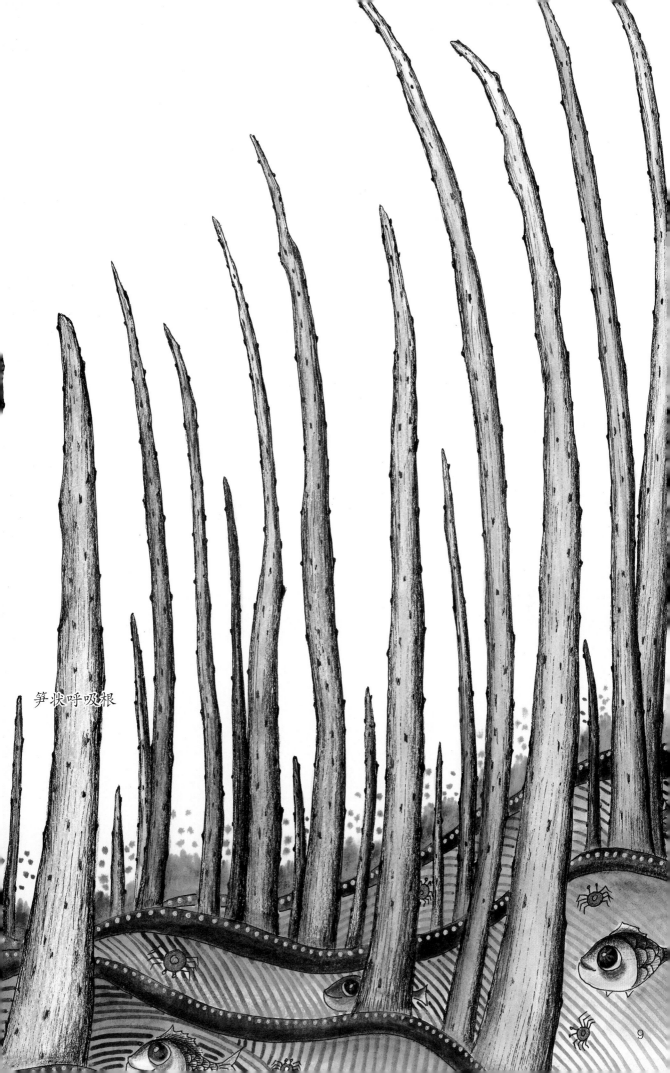

笋状呼吸根

"哇！这些树的叶子，它们竟然会吐出盐粒来！"源源用他的小舌头舔了舔其中的一片树叶："呀！好咸！你们的口水肯定也很咸！"

老鼠簕

　　源源用魔法翻了翻脑袋里的书:

　　"原来这片森林叫红树林,也叫海上森
林,多么可爱和美丽的名字!"

　　"是红色的树吗?咦,不是呢!"
源源开心地说。

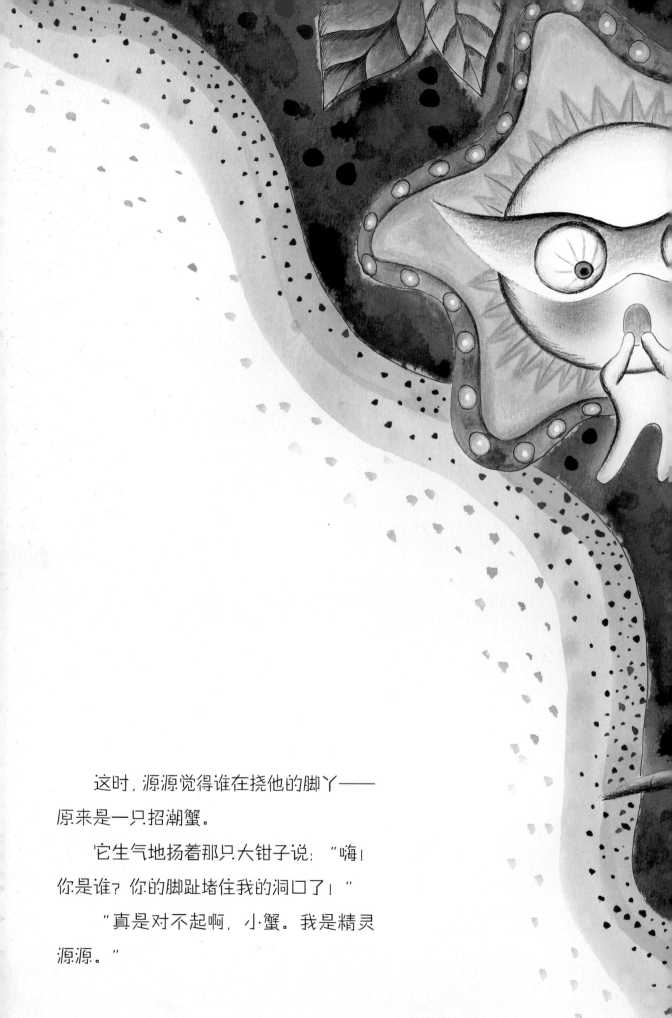

　　这时，源源觉得谁在挠他的脚丫——
原来是一只招潮蟹。

　　它生气地扬着那只大钳子说："嗨！
你是谁？你的脚趾堵住我的洞口了！"

　　"真是对不起啊，小蟹。我是精灵
源源。"

招潮蟹（公）

"精灵源源！你是精灵啊，那我们
做朋友吧！"

"好啊，好啊，那我们握握手吧，
哦！你夹痛我了！"

"哈哈！"

"哈哈！"

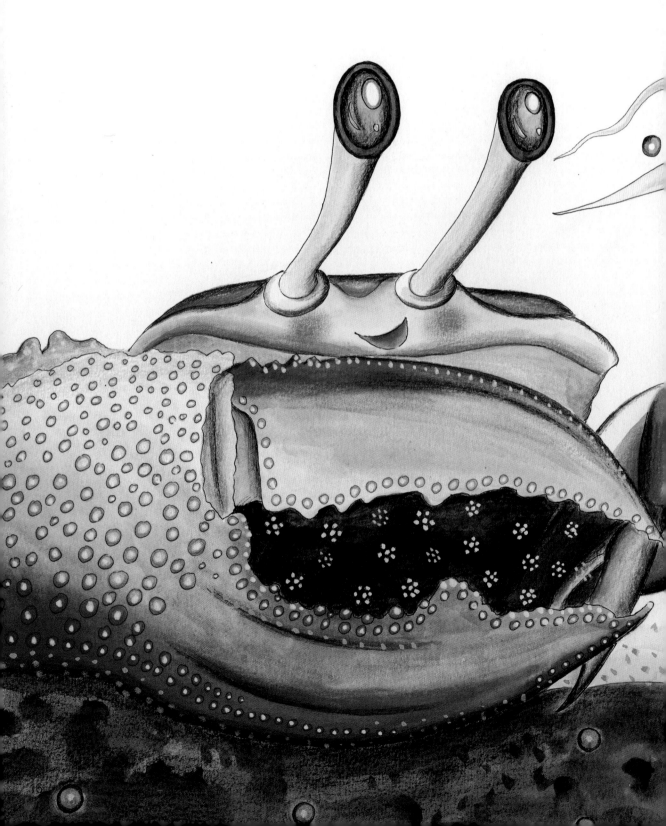

这时，一只大弹涂鱼
跳到了源源的肩膀上。

"你就是精灵啊，你怎么
会到我们这里来？"

"你会魔法吗？源源？"

源源用手指一点，大弹涂
鱼的鱼鳍上就开出了几大朵花
儿来，这让大弹涂鱼看起来像
个要去参加舞会的姑娘。

弹涂鱼

不一会儿，源源周围就聚集了许多在红树林
生活的小居民。它们纷纷请求源源对自己施展魔
法。它们都说："真是太好玩了！等源源用魔法
把我们都装扮好，我们一起开个舞会吧！"

"太好了！我去叫水里的朋友们吧！好吗，源源？"大弹涂鱼顶着它鱼鳍上漂亮的花朵问。

"当然了，我们可以一起玩！"源源笑着喊道。源源对水里游着的鱼儿们也施了魔法，让它们能一起来玩。

这时，大白鹭、小白鹭和反嘴鹬飞来了。它们说："我们也想参与，我们也想参与！"

大白鹭

小白鷺

"那我能不能在反嘴鹬的嘴巴上伴
舞呢？它的嘴巴像个跳板！"弹涂鱼说。
　　源源用魔法把他在红树林里新认识
的朋友们都打扮了一番。

反嘴鹬（yù）

玉蕊

无瓣海桑

"现在，我们需要一个舞台！"源源说。

"我们可以变成舞台吗？"这时，一起在红树林里生活的植物们也想参与进来。

海檬果（果实）

木榄

红海榄

海檬果(花)

29

海莲

木榄

　　秋茄、木榄和海莲说："我们
可以当舞台上方垂下来的挂饰！"

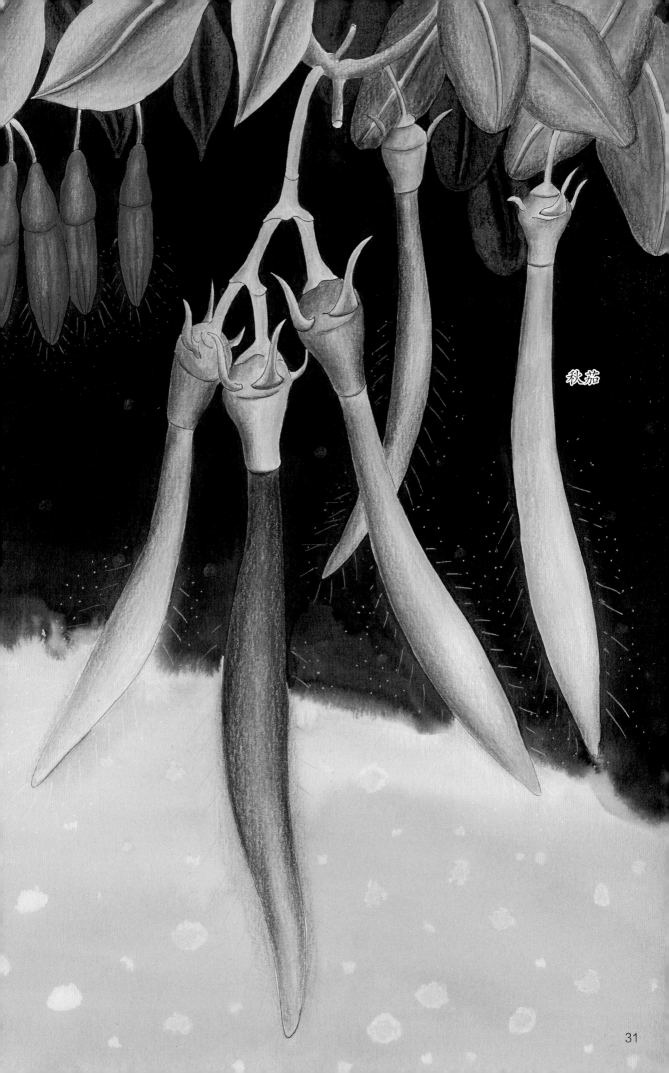

秋茄

31

水黄皮

老鼠簕、桐花树说："我
们的花比较多，可以献给
舞会最佳的表演者！"

在旁边的水黄皮、玉
蕊、马鞍藤、海马齿异口
同声地说："我们也是，
我们也是！"

海马齿

老鼠簕

桐花树　　　　　　　王蕊（开花）　　　　　　　　马鞍藤

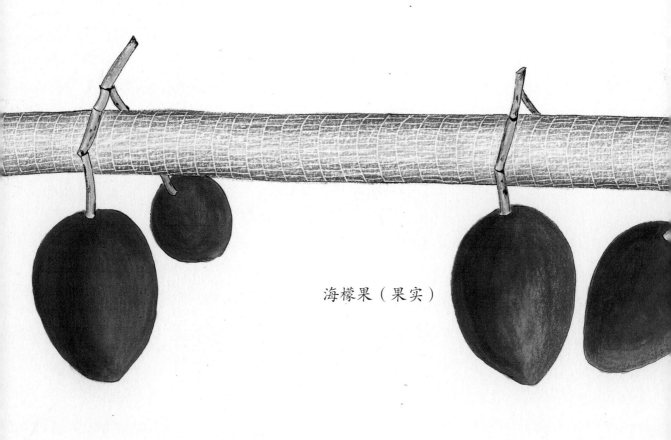

海檬果（果实）

　　"看我像个亮着的红灯泡，
好看但是有毒，不能误吃哦！"
海檬果说。

　　"我们也可以摇身一变，装
作电线呢，哈哈哈！"沙虫们说。

沙虫

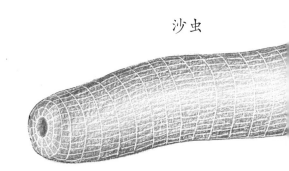

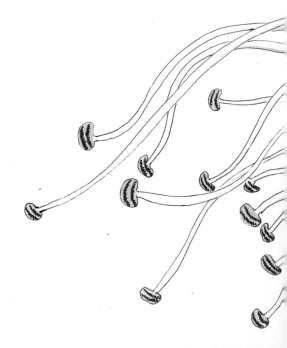

海桑说："那像我这个样子的能做什么呢？""对了，我可以给别人打伞啊！"

海桑

银叶树

银叶树、黄槿等不及了，"我们高，我们可以做舞台背景。"

黄槿

"哈哈，哈哈！"大家一起开心地笑着。在源源的帮助下，大家一起组合成了一个红树林舞台。

红树林舞会开始了。海螺们也排成一排扭动着腰肢。

真是一段欢乐的时光啊！
大家决定把"舞会最佳表演者"
的称号送给精灵源源。

　　"因为你的到来，我们每
一个都这么欢乐！我们爱你，
源源！"红树林的居民们为源
源戴上花环。

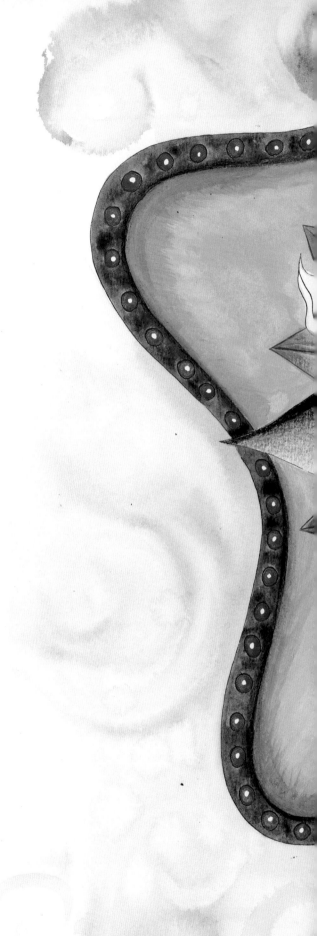

海檬果（花）

"这是我见过最美丽
的舞会，因为无需装扮，
大家本来就是这样的！我
还会再来和你们玩的！"
源源挥挥手，在空中划出
一道漂亮的彩光。